奇趣科学馆

格润轩 编

关于**动物的**N**个为什么**

图书在版编目（CIP）数据

　关于动物的 N 个为什么 / 格润轩编 . — 重庆 : 重庆
出版社，2018.3
　ISBN 978-7-229-12190-7

　Ⅰ . ①关… Ⅱ . ①格… Ⅲ . ①动物－少儿读物 Ⅳ .
① Q95-49

中国版本图书馆 CIP 数据核字 (2017) 第 077230 号

关于动物的 N 个为什么

GUANYU DONGWU DE N GE WEISHENME

格润轩　编

责任编辑：周北川　赵光明
责任校对：李小君
装帧设计：赵景宜

重庆出版集团
重庆出版社　出版

重庆市南岸区南滨路 162 号 1 幢　邮政编码：400061　http://www.cqph.com
三河市金泰源印务有限公司印刷
重庆出版集团图书发行有限公司发行
E-MAIL：fxchu@cqph.com　邮购电话：023-61520646
全国新华书店经销

开本：720mm×1000mm　1/16　印张：8　字数：78 千
2018 年 3 月第 1 版　2018 年 3 月第 1 次印刷
ISBN 978-7-229-12190-7

定价：25.80 元

如有印装质量问题，请向本集团图书发行有限公司调换：023-61520678

不经意间，孩子在悄悄地长大。成长的力量让他们精力充沛，思维活跃。面对大千世界，那些我们习以为常，甚至视而不见的现象，成了他们心中啧啧称奇的风景。感官逐渐迟钝的我们，面对一个个突如其来的"为什么"，常常会不知所措。看似简单的问题，却是孩子们对这个世界最初的思考和探索，这种求知欲和好奇心对他们来说弥足珍贵。

为了保护孩子们的这种天性，我们精心编撰了"奇趣科学馆"系列丛书，和孩子一起走进奇妙未知的大千世界，释放属于孩子的无限遐想。本丛书选取了大量新颖而贴近生活的话题，将动物、植物、天气、人体、宇宙等内容全部囊括其中。通过简洁明了的文字、童趣盎然的图片，将一些深奥抽象的科学知识描绘得通俗易懂、充满趣味，融科学性、知识性和趣味性于一体，使小读者不仅可以初步掌握和了解一些基础知识，还可以培养孩子在提问中认识世界，激发探索科学的兴趣。

FOrewOrd

为什么骆驼被称为"沙漠之舟"？
骆驼是一种非常耐饥渴的动物

目录
MU LU

变色龙为什么会变色？

龟是怎么呼吸的？

动物
为什么
会有尾巴?

目前除少数种类外，大多数动物都有一条或长或短、或粗或细的尾巴。这是在进化过程中，因为某种需要而保留下来的。 别小看动物的尾巴，它们各有各的妙用呢！

保持平衡	老虎等动物用尾巴来保持身体平衡，并且在奔跑中可以借助尾巴快速转换方向。猫的尾巴使猫在跑跳时能保持平衡，还能使它在肚皮朝天、四脚朝上、往下落时翻过身来，四脚先着地，不至于摔伤。
表达感情	狗在兴奋时会摇尾巴，害怕时尾巴下垂，夹在两腿间。猫在发怒时会竖起尾巴，就连尾巴上的毛也会竖起来。
驱赶虫子	牛和大象用尾巴驱赶虫子。
代替手脚	袋鼠休息时用尾巴支撑身体，以减轻后肢的负担。
自我保护	壁虎在受到天敌攻击时，会自行断掉尾巴来迷惑对方，借机逃跑。
保安作用	穿山甲的尾巴缠在树上，像保险带一样。鳄鱼的尾巴非常有力，像铁棍子一般结实，可当作武器来防御和进攻，一般的野兽如狮和豹都经不起它的一击。
捕食作用	有些蝙蝠，它们的尾巴可以卷缩起来和它的后脚一起拼成一个吊篮形。这样别的小昆虫就看不出它是蝙蝠了，它依靠这个"隐身秘法"，可以捉到很多昆虫吃。
能量贮藏	狐猴把尾巴当仓库。在食物丰富的雨季，狐猴就在尾巴里储存起大量营养；在食源缺乏的旱季，狐猴靠消耗尾巴里储备的营养度日。

人类其实也有尾巴。试试顺着你的脊柱向下，在股沟上方用你的手指按一按吧。你会发现有一块硬邦邦的小骨头，那就是人类的尾巴。只不过它很短，从外面已经看不到而已。

我的尾巴上长满了肌肉，它不仅能在我休息的时候支撑我的身体，在跳跃时帮我跳得更远，而且在奔跑的过程中还能起到保持平衡的作用呢！

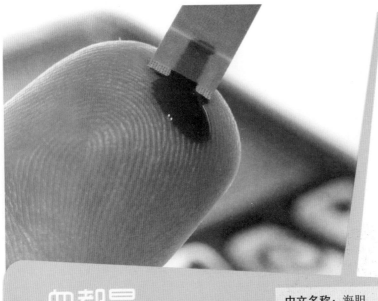

血都是红色的吗?

中文名称：海胆

动物分类：棘皮动物门海胆纲

形态特征：圆球状，周身具尖刺

食物种类：藻类，海底蠕虫或其他软体动物

主要分布地区：海洋的浅水区

不是血都是红色的

我们经常说"像血一样红"，但是血却并非都是红色的。比如，毛足纲动物（如蚯蚓）的血是绿色的，蝗虫的血是白色的，一些海胆的血是橙色的，章鱼的血是深蓝色的。

血的颜色有很多种

河蚌和鲎的血液里含的是血蓝蛋白，它里面不含铁，而含铜，所以呈蓝色。粉蝶幼虫的血液是绿色的，是因为黄色蛋白和一种蓝色蛋白共同存在的结果。海洋中的节肢动物和软体动物，它们的血液就呈青绿色或白色等不同颜色。在南极海洋中，有些鱼的血液呈半透明的白色；还有一种动物叫扇螅虫，它的血液居然可以改变颜色，一会儿变红，一会儿又变绿，真是奇妙异常。绝大多数脊椎动物的血液是红色的，无脊椎动物的血液则有的呈蓝色，有的呈紫红色、绿色等。

我们的血液在循环开始的时候是鲜红色的。经肺部流出的血液富含氧气，当血液经过循环重新回到肺部的时候，氧气已经被分配到身体的各个部位。这时缺氧的血液就呈暗红色了！

动物
也会发烧吗？

动物也会发烧

人类和所有的哺乳动物以及鸟类的体温都是恒定的（人类是 37 摄氏度，鸟类是 41 摄氏度），但是有一个例外，那就是身体为了重新健康起来而自我发烧。发烧是身体的一种应激反应。体温升高，威胁身体的细菌和病毒就会失去活力。

只有恒温动物可以自行改变身体的温度。而蜥蜴等变温动物（冷血动物）的体温通常和周围的气温一致。如果想升高体温，它们就需要晒太阳，因为它们不能自行调节体温。蜥蜴就很聪明！当它们生病时，它们会晒更长时间的太阳。这样它们的身体就会热起来，通过"发烧"消灭那些致命的细菌。

狗发烧了是怎样的？

和人类发烧一样，体温是最直接最主要的症状。一般情况下，狗狗正常的体温在 37.5～38.5 摄氏度之间，幼犬会更高一些，如果经过测量发现狗狗的体温超过 39.5 摄氏度，那么十有八九狗狗是发高烧了。通过观察也能发现狗狗发烧：发烧的狗狗打蔫了没之前好动了，还经常瞌睡，即使带它出去玩也没有精神，呼吸会非常急促也是小狗发烧的症状。除此之外还有肚皮也比平时要红、眼睛也会发红等。

中文名称：南非剑羚
动物分类：牛科长角羚属
形态特征：头部长有长而直的角，
其中雄性的角较大
食物种类：草或树叶
主要分布地区：南非、纳米比亚
及博茨瓦纳

南非剑羚从来不需要喝水吗？

它依靠食物中的水分

南非剑羚，也称南非长角羚，长期的沙漠生活促使它们已经完美地适应了高温环境。在它们的家乡纳米比亚，即使是阴凉处气温也会达到50摄氏度。在如此严酷的环境下，南非剑羚的体温最高能升到45摄氏度，这样的体温，换作其他哺乳动物早就热死了，但南非剑羚却仍能保持头脑清醒——甚至是在不喝水的情况下。南非剑羚几乎不需要再另外喝水。这是因为它们是在夜间进食。植物在夜间储存了比白天更多的水分，而剑羚依靠食物中的水分就能在沙漠中生存下去，因此也就不需要辛苦地寻找水源了。

南非剑羚是怎样的动物？

南非剑羚是一种原产于非洲南部的偶蹄目食草动物，是长角羚属（Oryx）现存的四个成员之一。分布于南非、纳米比亚及博茨瓦纳。不论是雄性或是雌性都有长而直的角，其中以雄性的角较大，最长可以达到约120厘米。群体栖息于沙漠之中，以一只强大的雄性为中心，形成约10到40匹的群体共同生活。年迈的雄性会离开群体独自生活。南非剑羚为草食性动物，吃草或树叶等。

南非剑羚体内还有一个内置的"气象站"，它能察觉到 200 千米之外的地方下雨了，然后它们就飞快地上路，去享用那里吸足水分的美味植物。

中文名称：非洲水牛

动物分类：牛科非洲水牛属

形态特征：体型巨大，耳大下垂，牛角粗壮

食物种类：草

主要分布地区：非洲中非和东非地区

非洲水牛和啄牛鸦是好朋友吗？

啄牛鸦帮助清除寄生物

在非洲，经常会看到非洲水牛和其他野生水牛背上有很多鸟——它们是非洲啄牛鸦。啄牛鸦可以让水牛等体型庞大的动物免受烦人的昆虫侵扰。这对水牛来说大有裨益，因为它们很难挠到自己的背部。非洲水牛背部有厚厚的毛覆盖，因此有寄生虫等，让非洲水牛疼痒难忍，而啄牛鸦就可以利用它的嘴帮助非洲水牛清除毛发里面的寄生虫类。

所以，对非洲水牛来说，啄牛鸦是一个实用而可靠的朋友！

丰富的"食物餐桌"

而对啄牛鸦来说，这些庞大的身躯也正是一个个摆满丰盛食物的"餐桌"。非洲水牛喜欢栖息在泥泞里面，因此身体上经常沾染上寄生生物。这些寄生在非洲水牛身上的寄生物，就是啄牛鸦们最好而且最安全的食物来源。

骆驼把水藏在哪里?

骆驼的胃有三个室

骆驼是很神奇的动物,极能忍饥耐渴。骆驼可以在没有水的条件下生存3周,没有食物可生存一个月之久。它们可以滴水不喝地在沙漠里行走长达两周而毫无问题。它们也能在几分钟内喝下100～150升水。那么,骆驼把这么多水藏在哪里呢?

也许你会认为,骆驼的驼峰就是它的储水器,其实不然,骆驼把水藏在它的胃里了。

骆驼的胃有三个室,在第一胃室里,有二三十个瓶状的水脬,里面能够储存大量的水,供它们在干旱的条件下慢慢消耗。

它的皮毛可以保温

骆驼的皮毛很厚实,冬天沙漠地带非常寒冷,骆驼的皮毛对保持体温极为有利。骆驼的厚毛发可以反射阳光。被剃毛后的骆驼会多出50%的汗以避免过热。皮毛同时帮助骆驼隔热。它们的长腿也让它们远离火烫的地面。

驼峰中存储的是脂肪。借助这些脂肪，骆驼不吃任何东西也可以维持大约30天生命。骆驼在燃烧这些脂肪来获取能量时，还会产生一定量的水分，平均每千克脂肪燃烧可以产生大约1.1千克的水。对于生活在沙漠中的骆驼来说，这很实用，不是吗？

中文名称： 骆驼

动物分类： 骆驼科骆驼属

形态特征： 背部有驼峰，四肢长，足柔软、宽大

食物种类： 干草或枝叶

主要分布地区： 北非、西亚及印度等地

为什么骆驼
被称为"沙漠之舟"？

驼峰储藏脂肪

骆驼是一种非常耐饥耐渴的动物，有着"沙漠之舟"的美称。

驼峰是骆驼储藏脂肪的部位，以便为骆驼提供能量。如果骆驼没有得到足够多的食物，驼峰就会萎缩；一旦骆驼获得了充足的食物，驼峰就会再次丰满起来。因此，驼峰中储存的并不是大多数人想象的水分！

不把湿气呼出体外

在没有水的情况下，骆驼可以生存的时间会比人类长三倍，因为它们消耗的水分要比人类少得多。这其中一个原因是骆驼的鼻子发挥着特殊的作用，一般情况下我们会把湿气通过鼻子呼出体外，但是骆驼却是个例外，骆驼在呼吸时几乎不会把湿气呼出体外，这样更多的水分就会留在体内，骆驼也就不需要去迅速地补充水分。

"沙漠之舟"

骆驼的耳朵里有毛，能阻挡风沙进入；骆驼有双重眼睑和浓密的长睫毛，可防止风沙进入眼睛；骆驼的鼻子还能自由关闭。这些"装备"使骆驼一点也不怕风沙。沙地软软的，人脚踩上去很容易陷入，而骆驼的脚掌扁平，脚下有又厚又软的肉垫子，这样的脚掌使骆驼在沙地上行走自如，不会陷入沙中。骆驼熟悉沙漠里的气候，有大风快袭来时，它就会跪下，旅行的人可以预先做好准备。骆驼走得很慢，但可以驮很多东西。它是沙漠里重要的交通工具，人们把它看作渡过沙漠之海的航船，有"沙漠之舟"的美誉。

中文名称：非洲象
动物分类：象科非洲象属
形态特征：体型庞大笨重，是陆地上最大的哺乳动物
食物种类：香蕉、野果、树叶及树皮
主要分布地区：广泛分布于整个非洲大陆

为什么
大象
有那么大的耳朵？

耳朵可以调节体温

生活在非洲热带地区的大象必须保持适中的体温，如果大象的体温过高，就有可能死去，因此它们必须把多余的热量排出体外。动物可以通过皮肤散发体内的热量，大象的大耳朵就是为了拥有更大的皮肤表面积向外散发更多的热量。

天热时，象会不断地扇动耳朵，使比较凉的空气接触耳朵的表面，把流经耳朵的血里的热量带走，这样可防止体温升得太高。等到早晚温度比较低的时候，象会把耳朵紧紧地贴在肩上，这样又可以减少身体热量的消失。

大象的耳朵上分布着大量的毛细血管，加之皮肤较薄，从而成为大象主要的散热工具。

耳朵可以驱赶蚊子

除此之外，象的耳朵还具有许多其他的功能，例如：煽动起来驱赶蚊虫；甚至在遇到敌情时张大耳朵进行示威等。

当然，大象那对大大的耳朵不仅仅是用来散热的，它还能帮助大象驱赶蚊虫，当敌人来袭时，大象还会把大耳朵张开，对敌人进行威吓。

为什么
斑马会有条纹？

模糊斑马的轮廓

斑马为什么会有那么明显的黑白条纹？关于这个有很多种说法。

斑马成群结队地生活在开阔的草原上，黑白相间的条纹在阳光的照射下，会反射出不同的光，模糊了斑马本身的轮廓体形，所以不易在天敌面前暴露目标。而当斑马在快速奔跑时，黑白相间的条纹会使天敌产生晕眩感，无法准确锁定目标猎物。除此之外，黑白条纹也是防止舌蝇叮咬的一种手段。舌蝇的视觉很特别，一般只会被颜色一致的大块面积所吸引。对于一身黑白相间条纹的斑马，舌蝇往往是视而不见的。

条纹是长期进化的结果

一种说法是，斑马那布满全身的黑白相间的条纹，是一种具有利它作用的联络色，是斑马群为了在失散后能够迅速地恢复聚群状态而演化产生的一种毛色。

还有一种说法是，斑马的条纹是长期进化的结果。 在非洲，单独的斑马个体是非常弱小的。必须群居才能安全。经过长期进化和无数的优胜劣汰，斑马才有了现在的条纹。 它的条纹使捕猎者无法迅速从斑马群中找出可以猎捕的单独个体，也无法迅速分辨每一匹斑马的首尾，从而判断其逃跑方向。从而达到保护自己和群体的目的。

无论是哪种原因，这都是斑马为了生存而长期演化的结果，同时这也使它们群体不断发展壮大。现在斑马是非洲大草原上数量最多的动物。

中文名称：斑马

动物分类：马科马属

形态特征：外形似马，全身分布着黑白条纹

食物种类：草或树叶

主要分布地区：非洲

牛真的不喜欢红色吗？

牛是色盲

除了人类和部分灵长类动物，大多数哺乳动物都是色盲，在它们的世界里只有黑白两种颜色。公牛也是如此，其实它们根本就辨认不出红色！曾经有位好奇的动物学家，就让斗牛士分别持黑色、白色和绿色等布站到牛的面前，结果牛的表现都如同见到红色一样。

斗牛与红色无关

因此，斗牛与红色并无关系。斗牛场上，使牛生气的并不是那红布的颜色，而是斗牛士挥着布老在眼前晃动，围着它转，而用红色则是引起牛的注意罢了。斗牛士跑得越快，牛眼中的你也就摇晃得越快，所以就死命追了上来！

红色刺激的是观众

那为什么斗牛士总是拿着一块红布呢？因为牛对飘动的东西很兴奋，认为那是向自己挑衅。而之所以是红色的布，其实，只是为了使观众亢奋。红色刺激的并不是牛，而恰恰是全场观众，因为红色能引起人的情绪的兴奋和激动，可以增强表演的效果，而牛在出场之前，总是被人很长时间地关在牛栏里，变得暴躁不安，再加上红披风的晃动，它一出场，就恶狠狠地找人报复。

牛是色盲，斗牛与红色并无关系。在牛眼前挥动任何颜色的布，对牛都有刺激。

牛在不停地打嗝吗?

牛是打嗝大师

牛是打嗝的大师，因为它们的食管是敞开的，这样气体就会通过食管直接排放出去，这个过程几乎没有什么声音，所以我们一般不会听到牛打嗝的声音！

但是为什么牛要不停地打嗝呢？

这是为了能够更好地消化饲料。牛有四个不同的胃，其中最大的一个胃，瘤胃会借助细菌消化饲料，在这个过程中会产生很多气体。这些气体会从牛的胃中排出，当然最方便的路径就是通过食管和嘴排出体外，所以牛要不停地打嗝。

排出气体

牛的瘤胃里有大量的微生物菌群，在分解纤维素及淀粉等碳水化合物时会发生发酵反应，产生甲烷。瘤胃直接与食管相连，因此这些气体主要通过打嗝排出体外，另外也会通过放屁的方式排出体外。

牛打嗝排出的主要气体是甲烷，二氧化碳等。最新报道说牛打嗝排放大量气体，可能会污染环境，尤其是引起温室效应。

牛在打嗝的过程中会释放一小部分甲烷气体。尽管甲烷在大气中留存时间不长便会分解，但它却是酿成"温室效应"的主要气体之一。

为什么猪喜欢在泥浆里打滚?

为了降低温度

体温平衡是身体健康的标志之一，动物都会通过排汗等方式来调节体温，尤其是夏天更是会出大量的汗。但是猪的体表没有汗腺，只在腹部有功能类似的腺体，因此无法通过排汗的方式来调节它的体温，维持体温平衡。炎炎夏日，猪为了降低体温，经常会在泥浆中打滚，直至全身涂满泥巴，就像穿了一件"泥盔甲"，随着水分的慢慢蒸发，多余的热量也被带走了。

隔绝蚊虫的骚扰

此外，夏天蚊虫很多，让动物们都觉得十分头痛。对猪来说，这件"泥盔甲"还可以帮助它们隔绝蚊虫的骚扰，让它们可以安安稳稳睡个好觉。最神奇的是，当"盔甲"自然风干脱落之后，还会带走隐藏在体表的寄生虫和污垢，就像是洗过澡一样。这样看来，猪是不是很聪明呢？

俗话说，"你真是比猪还笨！"但是最近科学家研究证明，在一些方面猪比狗还聪明呢。所以说，猪也是有聪明的一面的。

中文名称：猪

动物分类：猪科猪属

形态特征：身体肥壮，四肢短小，鼻子口颈较长，
　　　　　有黑、白、酱红或黑白花等色

食物种类：鲜嫩的草、糠麸、剩饭、卤水

主要分布地区：除南极洲外的各大洲均有分布

河马
是马吗？

河马不是马

说到河马，有人会认为它是马的近亲，其实它们之间没有任何关系。"河马"一词来自希腊语，是古希腊人对这种动物的称呼。

河马是什么样子的

河马体型庞大而笨拙，是陆地上仅次于大象、犀牛的第三大哺乳动物，河马最特别的就是它的嘴，那是一张特别大的嘴——比地球上任何一种动物的嘴都大，并且可以张开呈90度角。

河马是一种两栖动物，喜群居，善游泳，怕冷，喜温暖的气候。它们的皮肤长时间离水会干裂，而生活中的觅食、交配、产仔、哺乳也均在水中进行。河马是草食动物，但是稀疏獠牙长10厘米，母河马为保护小河马极具领域攻击性。河马成对或结成小群活动，老年雄性常单独活动。

其实河马与猪确有一定的亲缘关系，更准确地说这种动物应该称为"河猪"！

中文名称： 河马

动物分类： 河马科河马属

形态特征： 躯体粗圆，四肢短，头部硕大，眼睛、耳朵、嘴巴和尾部较小

食物种类： 水草、植物、农作物、其他食草动物

主要分布地区： 非洲热带的河流间

趣味小常识

河马的眼睛、耳朵和鼻孔都长在头顶上，这样它们就可以长时间地在水中乘凉、防晒。别看它们总是待在水里，其实它们不会游泳，只会潜水。

狗为什么
要伸着舌头喘气?

出汗调节体温

很多人认为狗伸着舌头喘气是因为渴了想喝水。实际上并不是这样的，狗伸着舌头喘气是因为它们不会出汗！

出汗是一种调节体温的生理功能。空气把汗液带走，我们的皮肤就会变凉爽。

吐舌头调节体温

狗也有外分泌汗腺和顶泌汗腺两种汗腺。用于调节体温的外分泌汗腺，只分布在四个爪子的肉垫上，而且非常少，仅靠爪子出一点汗，是无法降低体温的。而引起它们体臭的顶泌汗腺，是分布在它们全身的，和体温调节没有什么关系。

因此，狗不能像人那样靠出汗调节体温，所以它们只能采取其他方式降低体温。如果感到非常热，它们就会把湿湿的舌头伸出来，然后呼气，也就是我们看到的喘气。这样狗就可以降低舌头的温度，而舌头中冷却的血液会流经狗的整个身体，最终达到降温的目的。天气炎热时，仅靠这种方法是无法顺利降温的。所以，狗狗很难降低自己的体温。

中文名称：狗

动物分类：狗科狗属

形态特征：全身披覆着毛，由头、颈、躯体、尾
　　　　　巴和四肢等组成，有个很长的鼻子

食物种类：肉、剩饭剩菜

主要分布地区：除南极洲外的各大洲均有分布

为什么猫的眼睛在晚上会"发光"？

猫的眼睛不发光

很多国家都流传着各种各样关于"喵星人"眼睛会发光的故事，有人视之为祥兆，有人却觉得这是被魔鬼附身的表现。

其实，猫的眼睛自身并不发光，只是在它的眼球后面的视网膜上有一层类似于反光板一样的物质，照膜，可以把收集到的光线反射出来。所以，我们在晚上看猫的眼睛，就像是看到两个发光的小镜子一样。许多猫科动物的眼睛都是如此，美洲豹也属于其中的一员，它们在晚上的视力特别好，当然它们的眼睛也会"发光"。

小白兔的眼睛是红色的

很多日行动物的眼底是没有照膜的，因此它们的眼睛看起来很多都是红色或橙色，比如兔子。这是因为进入眼底的光线被脉络膜中的血管反射出来了，因此呈血管的颜色，所以小白兔的眼睛看起来就是红色了。

中文名称：猫

动物分类：猫科猫属

形态特征：一双大耳朵，一张人字形的嘴巴，
行走时无声，行动敏捷，善跳跃

食物种类：鼠、鱼、蛙、蛇

主要分布地区：除南极洲外各大洲均有分布

猫是怎么突然"刹车"的?

"刹车"奥秘在爪子上

猫追赶老鼠时的速度最快能达到每小时 50 千米。虽然速度很快,但猫却能突然停下来。而相反,汽车每次急刹车都会留下一道刹车印,并且会向前继续滑行一段距离。

猫能够突然"刹车"的奥秘在它的爪子上。在快速跑动时,猫爪下的肉球会缩小,猫爪变得十分平坦,使猫能够快速前进。当需要突然停下时,猫爪下的肉球会变大,这样猫就会很快停下来。

猫爪是怎样的

猫的趾底有脂肪质肉垫,因而行走无声,捕鼠时不会惊跑鼠,趾端生有锐利的指甲。爪能够缩进和伸出。猫在休息和行走时爪缩进去,只在捕鼠和攀爬时伸出来,防止指甲被磨钝。猫的前肢有五指,后肢有四指。

猫能在高墙上若无其事地散步,轻盈跳跃,具有超强的平衡感。这主要得益于猫的出类拔萃的反应神经和平衡感。它只需轻微地改变尾巴的位置和高度就可取得身体的平衡,再利用后脚强健的肌肉和结实的关节就可敏捷地跳跃,即使在高空中落下也可在空中改变身体姿势,轻盈准确地落地。

猫爪的这种特性给轮胎产业提供了灵感。它们制造出了一种既节省汽油又更平稳的轮胎。在高速行驶时，轮胎会变窄，而在刹车时，轮胎会变宽，使轮胎与地面的接触面更大，增大摩擦。这种轮胎能够保证刹车的稳定性，驾驶员也更安全。

浣熊在洗什么呢？

为什么叫浣熊

在动物园里我们有时候会看到浣熊用爪子在水中把食物翻来翻去，这个动作看起来就像是清洗食物一样，也许正因为如此，人们才把它称为"浣熊"（浣，洗的意思）。

浣熊是"游泳健将"，喜欢栖息在靠近河流、湖泊或池塘的树林中，它们大多成对或结成家族一起活动。浣熊白天大多在树上休息，晚上出来活动。当受到黑熊追踪时，它就会逃到树梢躲起来。到了冬天，北方的浣熊还要躲进树洞去冬眠。

它喜欢自己捕获食物

实际上，浣熊并不是在洗东西，而是用自己的爪子在水中寻找食物。

虽然是食肉目动物，但浣熊偏于杂食。春天和初夏的饮食主要有昆虫、蠕虫等。夏末、秋季及冬天，它更喜欢吃水果和坚果，如橡子、核桃。浣熊极少吃活跃或大的猎物，例如鸟和哺乳动物。浣熊喜欢容易捕获的猎物，特别是鱼，两栖动物和鸟蛋。

在动物园中的浣熊虽然不用自己寻找食物，但也会对得到的食物做出本能的"洗"一样的动作！

中文名称：浣熊

动物分类：浣熊科浣熊属

形态特征：体型较小，尾巴较长且带有斑纹，
　　　　　面孔呈黑色

食物种类：水果、昆虫、鸟卵和其他小动物

主要分布地区：南、北美洲

企鹅的脚会冷吗?

企鹅的脚不怕冷

企鹅生活在冰天雪地的南极,赤脚站在冰面上的它们会冷吗?

别担心,企鹅的脚部虽然没有丰富的羽毛和脂肪覆盖,但也不怕冷,它们脚上的血管构造比较特殊。脚上的毛细血管会把温暖的血液向下运送到脚底,其他血管会把温度较低的血液向上运送。不同的血管之间的距离非常近,而且会相互交换热量。脚部温度较低的血液就会在向上运送的过程中吸收热量升温,这样就不会降低体温,并且温暖的血液还会到达脚部。

这种构造可以确保企鹅减少脚部热量损失,从而使冰面上的脚得到保护。

赤脚帮助维持体温

企鹅身体的大部分区域都受到温暖的防水羽毛保护,处于一种舒适安逸的状态。皮肤下的脂肪则构成了一个隔热层。脂肪和羽毛的保温性能极高,可能会让企鹅在阳光明媚的日子里体温过高。庆幸的是,喙和赤裸的脚消除了这种担忧,允许热量散发出去,帮助企鹅保持稳定的体温。

仔细观察就会发现，企鹅的脚上有一层厚厚的角质层，这也在一定程度上起到了保温作用。

为什么企鹅会穿着"燕尾服"？

"燕尾服"帮助躲避敌人

在南极大陆上企鹅几乎没有天敌，醒目的颜色在冰天雪地里并不会有什么危险。

企鹅最危险的时候是在水下，那身"燕尾服"一般的黑白伪装色可以帮助它们躲避最大的敌人——海豹。企鹅在海里游泳时，白色的肚皮朝下，在海平面亮色背景的衬托下，海豹从下面看以为是浮冰，就不会攻击它们；如果海豹在企鹅的上方，在深色海底的衬托下，企鹅的黑色背部也同样会骗过海豹的眼睛。所以企鹅黑白色的"燕尾服"是一种完美的伪装！

人见人爱的动物

企鹅是人见人爱的动物，给人的感觉是，它们就好像穿了一件男士无尾夜礼服。如果也为企鹅准备一双鞋，那一定是特大号的。但对于这些温血鸟类动物来说，鞋子并不在它们的着装要求之列，因为赤露的脚能够防止因温暖的"外套"出现体温过高的情况。

中文名称：帝企鹅

动物分类：企鹅科王企鹅属

形态特征：颈部为淡黄色，耳朵的羽毛是鲜
黄橘色，是体型最大的企鹅

食物种类：鱼虾及头足类动物

主要分布地区：南极大陆

　　企鹅是真正的深海潜水员，企鹅的体型越大，下潜得也就越深，
我们看一下各种企鹅的下潜深度：

　　帝王企鹅：535 米｜国王企鹅：325 米｜阿德利企鹅：240 米｜
南非企鹅：30~130 米｜矮企鹅：10~30 米

北极熊
为什么穿着白色的"外衣"？

白衣伪装自己

颜色越深，吸收热量的速度就越快。这么说来，生活在冰天雪地的极寒北极附近的北极熊为了抵御严寒，它的皮毛应该是黑色的才更合理。但是这样北极熊就没有办法更好地伪装自己，所以北极熊穿上的是白色的"外衣"。

皮毛抵御寒冷

除了伪装自己，北极熊的独特皮毛还可以抵御寒冷。它们的白色毛发是中空的，会像光纤一样把阳光直接传输到深色的皮肤上！所以北极熊不怕吸收不到热量。而且有时候它们甚至会觉得热，需要到雪地里打几个滚降一下温。

可爱的北极熊

生活在冰天雪地的极寒北极附近的北极熊为了抵御严寒，北极熊头部相对棕熊来较长而脸小，耳小而圆，颈细长，足宽大，肢掌多毛，皮肤呈黑色，可从北极熊的鼻头、爪垫、嘴唇以及眼睛四周的黑皮肤看出皮肤的原貌，黑色的皮肤有助于吸收热量，这又是保暖的好方法。

北极熊的形象会出现在无数卡通片中，它们温顺、憨厚、可爱、忠诚，是人类的好伙伴。它们睡在冰川上的姿势就像一个三岁孩童抱着布娃娃入眠一样可爱。但是它们有时拍打头部表示的则是恐惧。

如果仔细观察，我们会看到北极熊口鼻处的深色皮肤，这个位置的毛发非常短，露出它"伪装"之下的本来面目。

中文名称： 北极熊

动物分类： 熊科棕熊属

形态特征： 周身覆盖白色短毛，只在鼻头、爪垫、嘴唇等处裸露深色皮肤

食物种类： 海豹、海象、海鸟、鱼类及小型哺乳动物

主要分布地区： 北冰洋周围的浮冰和岛屿上

树懒
为什么
那么懒？

最懒的动物

树懒是哺乳纲披毛目下树懒亚目动物的通称，形状略似猴，动作迟缓，常用爪倒挂在树枝上数小时不移动，故称之为树懒。树懒很懂享受，每天都无所事事，只是挂在树上，真想不到，还有什么动物会比它更懒。

树懒是唯一身上长有植物的野生动物，它虽然有脚但是却不能走路，靠的是前肢拖动身体前行。树懒生活在南美洲茂密的热带森林中，一生不见阳光，从不下树，以树叶、嫩芽和果实为食，吃饱了就倒吊在树枝上睡懒觉，可以说是以树为家。

它不需要太多食物

树懒之所以这么懒，一方面是因为它不需要摄取大量食物，只需要以悬挂在嘴边的叶子为食便可维持生命。如果头顶树枝上的叶子吃光了，它会将头旋转180度，去吃另一面树枝上的叶子。另外，树懒也不用专门到地面取水喝，只靠舔身边叶子上的水珠就足够了。

树懒这种"懒惰"的性格也是生存的一个窍门！由于动作缓慢，树懒不容易被敌人发现，此外，疏于清洁皮毛而长出的藓类也能帮助它隐藏自己。

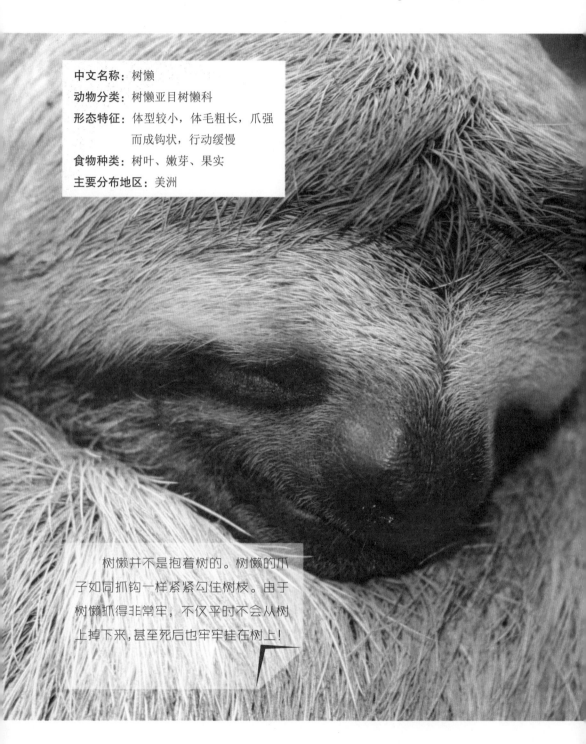

中文名称：树懒

动物分类：树懒亚目树懒科

形态特征：体型较小，体毛粗长，爪强
　　　　　而成钩状，行动缓慢

食物种类：树叶、嫩芽、果实

主要分布地区：美洲

　　树懒并不是抱着树的。树懒的爪子如同抓钩一样紧紧勾住树枝。由于树懒抓得非常牢，不仅平时不会从树上掉下来，甚至死后也牢牢挂在树上！

变色龙为什么会变色?

"善变"的动物——变色龙

变色龙,也叫避役,是一种"善变"的树栖爬行动物。它可以不动声色地改变自己的体色来躲避天敌,或是表情达意。这一切都要归功于它神奇的皮肤组织。

变色龙的每个皮肤细胞中都有红、黄、赭、绿四种色素,这四种色素此消彼长,互相制约。当变色龙处于绿色环境中,皮肤细胞中的绿色色素就会受到刺激而布满整个细胞,相应的,其他三种色素就收缩成微细的小点。这样,整个细胞就变成了绿色,变色龙也就随之变色。

它们为什么变色呢?

变色龙变色是为了保护自己不被伤害。变色龙是弱小的动物,缺乏自卫能力,如果让敌害盯住,就很难活命了,所以它们在长期的生活中练就了一身变色本领,以便蒙骗敌人的眼睛!但自我保护只是促进变色的一个原因。

另一个原因是,变色龙变色能够很好地隐蔽自己,伏击猎物。当猎物距离变色龙很近时,它便以迅雷不及掩耳之势突袭猎物,使猎物防不胜防,最终成为其战利品。

根据动物专家的最新发现,变色龙变体变色还有一个重要作用,那就是实现彼此间的信息传递,便于和同伴沟通,相当于人类语言。

中文名称：变色龙
动物分类：辟役科避役属
形态特征：头部呈三角形，尾常卷曲，能够改变体色
食物种类：昆虫，小型鸟类
主要分布地区：马达加斯加岛，撒哈拉以南的非洲

变色龙在捍卫自己的领地和拒绝求偶者时，会表现出不同的体色。雄性变色龙在向侵犯自己领地的同类示威时，体色会变成明亮色；而雌性变色龙在拒绝不中意的求偶者时，体色则会变得黯淡。

龟壳
可以"脱掉"吗？

古老的爬行动物

    龟最早见于三叠纪初期，当时即有发展完全的甲壳。早期龟可能还不能够像今日一样将头部与四肢缩入壳中。龟是一种古老的爬行动物，已经在地球上生存了几千万年，与恐龙系同时期的动物。乌龟寿命究竟有多长，目前尚无定论，一般讲能活 100 年，据有关考证也有 300 年以上的，有的甚至过千年。

龟壳是乌龟的显著特征

    坚硬的龟壳是乌龟显著的特征。

    龟壳其实是由很多片骨头构成的，它是长合在一起的脊柱和肋骨，也就是说，龟壳是乌龟身体的一部分，是没有办法脱掉的。而且，龟壳会随着乌龟一起生长。

    就像我们人类一样，乌龟的脊柱和肋骨（也就是龟壳）都被肌肉包围着，在它们的最外面是一层坚硬的角质层，它像我们的指甲保护手指一样保护着龟壳。龟壳由拱起的背甲和扁平的腹甲构成：腹甲在体侧延伸，以骨缝或韧带与背甲相连，这个伸长部分称为甲桥。

乌龟从卵里孵出来的时候就已经拥有龟壳了。

中文名称：乌龟

动物分类：龟鳖目龟科

形态特征：身上长有非常坚固的甲壳，受袭击时可以将头、尾及四肢回缩龟壳内

食物种类：植物的茎叶、蠕虫、螺类、虾及小鱼等

主要分布地区：多数分布在热带或接近热带地区的陆地或海洋中，也有许多在温带地区

雄袋鼠
有育儿袋吗？

袋鼠是跳得最高最远的动物

袋鼠是有袋动物，主要分布于澳大利亚大陆和巴布亚新几内亚的部分地区。其中，有些种类为澳大利亚独有。不同种类的袋鼠在澳大利亚各种不同的自然环境中生活，从凉性气候的雨林和沙漠平原到热带地区。袋鼠是跳得最高最远的哺乳动物。

为什么需要育儿袋？

一说到袋鼠，我们会马上想到袋鼠的育儿袋。袋鼠是有袋类动物，小袋鼠就在这个育儿袋中慢慢被抚养长大，直到它们长到能够独自在外部世界生存。

这个抚育小袋鼠的工作只有袋鼠妈妈在做，因为袋鼠爸爸没有育儿袋。袋鼠是发育不完全的动物，属早产胎儿，所以需要在育儿袋中发育。

中文名称：袋鼠

动物分类：袋鼠目袋鼠科

形态特征：前肢短小，后肢发达，雌性长有前开的育儿袋，
袋里有四个乳头，雄性没有

食物种类：多种植物、真菌

主要分布地区：澳大利亚、新几内亚等地

为什么
蛇要
不停地吐舌头？

中文名称：蛇

动物分类：有鳞目蛇亚目

形态特征：身体细长，四肢退化，无可活动
的眼睑，无耳孔，身体表面覆盖
有鳞

食物种类：鼠、蛙、昆虫等

主要分布地区：除南极洲、新西兰、爱尔兰
等岛屿外，世界各地均有分布

舌是蛇的嗅觉器官

蛇总是会不停地吐舌头。它们这么做是为了探查周围的环境，因为蛇的视力和听力都特别差，通过舌头，蛇可以收集周围的气味。在这之后蛇会把舌头缩回到下颚中，这里有"雅各布森器官"，也就是嗅觉器官。这个器官可以识别出空气中的气味，比如附近的老鼠或者其他食物的气味。

蛇的舌头很灵活

蛇的舌头很灵活，它可以利用舌头的分叉，不断吸进周围的空气中带气味的微粒并送入口中，再传达到鼻和上颚间的嗅管，那里是它的"气味分析室"，蛇就是这样来寻求猎物和辨别环境的。蛇的舌头还能感知红外线，进而判断猎物的活动情况。

蛇不张嘴就可以吐舌头，因为在它的下颚中间有一定的空间，可以供舌头活动。

刺猬
到底有多少
根刺？

刺猬全身有硬刺

刺猬属于哺乳动物中的猬形目，是异温动物。它体肥矮、爪锐利、眼小、毛短，浑身布满短而密的刺。普通刺猬栖山地、森林、草原、农田、灌丛等地，昼伏夜出，取食各种小动物，兼食植物，有时危害瓜果。刺猬除肚子外全身长有硬刺，短小的尾巴也埋藏在棘刺中。受惊时，它的头朝腹面弯曲，身体蜷缩成一团，卷成如刺球状，包住头和四肢，浑身竖起棘刺，以保护自身。

出生时没有刺

刺猬出生时，身上并没有刺，在皮肤上只有数百根柔软的绒毛。在出生数小时之后，这些绒毛中的水分会逐渐挥发，之后绒毛脱落，长出小刺，这些小刺长度大约在 6 ～ 8 毫米之间，质地柔软、容易弯曲。在之后的 6 个星期，这些小刺会逐渐变得坚硬。据统计，一只成年刺猬大概拥有 7000 ～ 8000 根刺。

中文名称：刺猬

动物分类：猬形目猬亚科

形态特征：体背体侧遍布棘刺，嘴尖尾短；受惊时尖刺竖立，身体卷成刺球

食物种类：昆虫、蠕虫

主要分布地区：亚洲、欧洲、非洲

中文名称： 鼩鼱

动物分类： 食虫目鼩鼱科

形态特征： 体型纤小，肢短，状如鼠
而吻尖长

食物种类： 昆虫或其他小动物

主要分布地区： 亚洲、欧洲及北美洲

谁是世界上最小的哺乳动物？

还不如一根手指长

世界上最小的哺乳动物是小鼩鼱，更准确地说是伊塔拉斯坎小鼩鼱。这种鼩鼱的体重大约只有 2 克，如果不算尾巴，身体最长也就 5 厘米，还不如一根手指长。鼩鼱的尾巴就像它们的第五只爪子一样可以缠住树枝或草茎，这样它们就可以像杂技演员一样攀爬。

小鼩鼱必须时时刻刻进食才不会被饿死，因此它们每天只能睡两三个小时，就又得爬起来去找东西吃。

食虫动物

小鼩鼱等食虫类是最早的有胎盘类动物，产生于中生代的白垩纪，大多数是以昆虫为食的小动物，也是哺乳动物中最原始的一类。

小鼩鼱等食虫类似乎都是一些"不起眼"的小动物，但在哺乳动物的进化史上却起了非常重要的作用。它们在中生代上白垩纪地层中就已出现，是有胎盘类哺乳动物中最原始和最古老的一支，在兽类的进化史中起过举足轻重的作用，是大多数比较高级的哺乳动物类群的祖先。

小鼩鼱不是老鼠！它们不是啮齿类动物，而属于食虫目动物。也就是说，它们和刺猬、鼹鼠是亲戚！

哪个家伙
在囤积粮食？

喜欢囤积粮食的家伙

如果有人大量储藏粮食或其他东西，我们会用"囤积"来形容这一行为。生活在野外的仓鼠就是个喜欢囤积粮食的家伙。仓鼠栖息于荒漠等地带。夜行性。善于挖掘洞穴。喜欢把食物藏在腮的两边，然后再走到安全的地方吐出来，所以得仓鼠之名。

每年秋天，它们都会为即将来临的冬天储备足够的粮食。这时，我们会发现它们把食物塞满嘴巴，然后钻进自己的小窝，把食物放进储藏室里，接着再跑出来，继续收集粮食。

为了度过严冬，每只仓鼠每年至少会存储两千克食物，理想状态是四到五千克。这样它们就可以躲在自己的小窝里享用美食，快乐过冬了。

饲养建议

小仓鼠十分迷你可爱，是非常受欢迎的宠物。不过饲养仓鼠一定要注意，仓鼠是十分强势的独居动物，领域意识十分敏感，不能合笼养，否则它们会打架。甚至，如果你摸过别的仓鼠，手上沾上了别的仓鼠的气味，那么小仓鼠绝对会毫不客气地驱逐陌生的仓鼠——其实是你的手——所以，摸过别的仓鼠之后被误咬也是司空见惯的事情啦。建议摸过别的仓鼠后洗洗手再摸自己的小仓鼠。

中文名称：仓鼠

动物分类：啮齿目仓鼠科

形态特征：体型较小，毛色繁杂，两颊有颊囊，从臼
齿侧延伸至肩部，尾巴较短

食物种类：植物种子、植物嫩茎或叶，偶尔也吃小虫

主要分布地区：亚洲

鼹鼠
究竟有多"瞎"?

鼹鼠的视力很不好

如果有人眼神不太好，我们就会说他"像鼹鼠一样瞎"。实际上，鼹鼠并不是完全看不到东西，只不过它们的眼神确实不太好，很难看清东西罢了。鼹鼠的眼睛和小米粒差不多大，而且埋在黑色的皮毛之中，几乎让人无法辨认。

鼹鼠成年后，眼睛深陷在皮肤下面，视力几乎完全退化，再加上经常不见天日，很不习惯阳光照射。因此，鼹鼠的视力非常糟糕，只能分辨亮色和暗色。不过，因为它们生活在地下，所以视力差也没什么关系。

鼹鼠嗅觉发达

鼹鼠的嗅觉和听觉特别发达，尤其是听觉，它们能够感觉到最微小的震动，甚至是昆虫经过自己挖掘的地道时产生的震动。美国神经科学家发现鼹鼠具有不同寻常的嗅觉，能够辨识立体空间方位的不同食物气味，是目前发现的第一种具有立体嗅觉感的哺乳动物。鼹鼠能嗅到不同的气味，并且大脑也可以识别气味的差异。

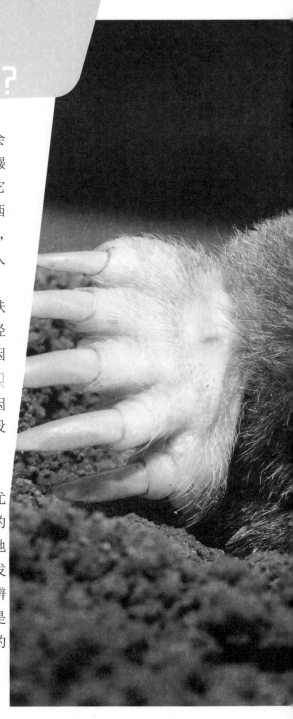

中文名称：鼹鼠

动物分类：食虫目鼹科

形态特征：尖头吻长，四肢短小，前爪发达，善掘土

食物种类：地下昆虫及其幼虫

主要分布地区：亚洲、欧洲及北美洲

蝎子
有耳朵吗?

蝎子没有耳朵

蝎子属于蛛形纲动物。跟蜘蛛一样，蝎子也没有真正意义上的耳朵，它们是通过大钳子感觉周围的声响的。哪怕是一点点响动也会惊动它们，这完全得益于它们的钳子上的细细长长的触毛。蝎子的感觉毛十分灵敏，能感觉到一米范围内的蟑螂的活动。蝎子的感觉毛能察觉到极其微弱的震动，就连气流的微弱运动都能察觉到。

钳子就是"耳朵"

有附肢6对，第一对为有助食作用的整肢，第二对为长而粗的形似蟹螯的角须，司捕食、触觉及防御功能，其余四对为步足。

蝎子奔跑时总是把它们的大钳子举在前面，通过这种方式可以感觉到周围的情况，即使是最轻微的晃动和空气流动。可以说，蝎子是靠它们的钳子来辨别声音的，钳子就是它们的"耳朵"。

中文名称：蝎子

动物分类：蛛形纲蝎目

形态特征：身体瘦长，分节明显，前端具
　　　　　鳌，尾部弯曲有毒刺

食物种类：昆虫

主要分布地区：世界各地

没有脚的蚯蚓怎么前行？

中文名称：蚯蚓
动物分类：寡毛纲单向蚓目
形态特征：体呈圆柱状，细长有体节
食物种类：土壤里的禽畜粪便、细菌、腐殖质
主要分布地区：世界各地

独特的运动方式

蚯蚓没有脚，尽管如此，它们却能很好地前行，因为它们的肌肉非常特殊。蚯蚓的身体是一根由圆形环肌构成的管子，能像橡皮筋一样收缩拉伸。

仔细观察一下就会发现，蚯蚓蠕动时总是让身体的某个体节变得又细又长，然后再变粗变短。这样，它就可以把身体的其他部位拉动起来，在地面上慢慢前进。

蚯蚓的肌肉

蚯蚓的肌肉属斜纹肌，一般占全身体积的 40% 左右，肌肉发达运动灵活。蚯蚓一些体节的纵肌层收缩，环肌层舒张，则此段体节变粗变短，着生于体壁上斜向后伸的刚毛伸出插入周围土壤；此时其前一段体节的环肌层收缩，纵肌层舒张，此段体节变细变长，刚毛缩回，与周围土壤脱离接触，如此由后一段体节的刚毛支撑即推动身体向前运动。这样肌肉的收缩波沿身体纵轴由前向后逐渐传递。

蜗牛的
速度有多慢?

慢吞吞的蜗牛

如果有人走路的速度特别慢,恐怕就会被戏称为"慢吞吞的蜗牛"。

蜗牛的一个特点就是三慢二快一难一多。三慢是行动慢、交配慢和产卵慢;二快是生长快、缩壳快;一难一多是产卵难和产卵多。

即使是蜗牛中速度最快的葡萄蜗牛,一分钟也只能走7厘米的路程,这样名副其实的蜗牛速度还真是让人着急啊。蜗牛在前行的时候需要付出很多努力。它们只能用一只脚行走,还要边行走边为自己修路,当然还要背着自己的家。

厉害的攀爬能手

不过值得一提的是,看似行动力很弱的蜗牛却可以不凭借任何工具就能爬上垂直的墙壁。蜗牛在爬行时,还会在地上留下一行黏液,这是它体内分泌出的一种液体,即使走在刀刃上也不会有危险。

　　要完成爬行任务，蜗牛需要自身制造出一种非常特别的"黏合剂"。蜗牛足部生有腺体，在蜗牛爬行过程中腺体会分泌特别的黏液。这些黏液会形成一种波纹状的道路，这样尖锐的路面就不会损伤蜗牛柔软的身体了。当然这种黏液还可以帮助蜗牛毫不费力地粘在陡峭的墙壁上。

中文名称：蜗牛

动物分类：柄眼目大蜗牛科

形态特征：有甲壳，形状像田螺，腹面有扁平宽大的腹足，头部有两对触角，眼睛长在后一对较长的触角上

食物种类：一般以植物茎叶和嫩芽为食，也有肉食性蜗牛

主要分布地区：世界各地

千足虫真的
有 1000 只脚吗?

世界上脚最多的生物

千足虫的特征为体节两两愈合（双体节），除头节无足，头节后的 3 个体节每节有足一对外，其他体节每节有足 2 对，足的总数可多至 200 对。一般雌虫可以长 750 只脚，是世界上脚最多的生物。

千足虫是一种节肢动物，也就是说这种动物的身体被分成好多节，每一节都有一对脚。在地球上有 10000 种以上的千足虫，但是没有一种是有 1000 只脚的。

千足虫并不是一生下来就有这么多足的。出生的幼虫只有 7 节，蜕皮一次增至 11 节，有 7 对足；二次蜕皮后增至 15 节，有 15 对足；经过几次变态发育后，体节逐渐增多，足也就随之增加。

中文名称：千足虫

动物分类：节肢动物门多足纲

形态特征：体长圆形，表面光滑，多足；受惊
　　　　　扰时，身体卷曲成盘状

食物种类：草根及腐败植物

主要分布地区：世界各地

为什么蜘蛛不会被自己的网粘住?

"守株待兔"的猎食方式

蜘蛛结好网后,便伏在网的中央,"守株待兔"——等待飞虫自投罗网。一张小叶片、一枝细细的枯梗,落到蛛网上了,只见蜘蛛震颤一下,便安然不动了;可是,一只漫不经心的飞虫撞到了网上,蜘蛛便"兴冲冲"地爬了过去,喷出粘丝把猎物捆起来,用毒牙将它麻醉,待猎物组织化成液体后,再大口大口地吮吸。

聪明的蜘蛛

蛛网对于蜘蛛的生活来说是非常重要的。蛛网不仅是这种动物捕捉猎物的陷阱和餐厅,还是它们的通信线、行道、婚床和育儿室。蜘蛛在蛛网上来回往返,为什么自己不会被粘丝粘住呢?

很少发生蜘蛛被自己的网粘住的情况,因为蜘蛛有非常巧妙的方法来解决这个问题。

有些蜘蛛(比如横纹金蛛),在织网时会用两种不同的丝线,其中一条线是有黏性的,可以粘住猎物;另外一条不具有黏性,蜘蛛可以在这条线上行走。当然,蜘蛛知道哪条线是安全的!

有些蜘蛛的脚上会分泌油脂,这样在具有黏性的蛛网上行走时就不会被粘住了。

中文名称：横纹金蛛

动物分类：园蛛科金蛛属

形态特征：全身由红、黄、黑色斑组
　　　　　成，腹部有明显的黄色和
　　　　　黑色斑纹

食物种类：昆虫，包括蟓蛛、叶蝉、
　　　　　飞虱等害虫

主要分布地区：欧洲、北非、亚洲

蚂蚁
有多强壮？

蚂蚁是大力士

蚂蚁是动物界的小动物，可是它有很大的力气。

看似微小的蚂蚁实则是当之无愧的大力士。世界上从来没有一个人能够举起超过他本身体重3倍的重量，从这个意义上说，蚂蚁的力气比人的力气大得多了。一只蚂蚁能够举起超过自身体重400倍的东西，还能够拖运超过自身体重1700倍的物体。

蚂蚁为什么有大力气？

蚂蚁为何会拥有如此神力呢？看来，这似乎是一个有趣的"谜"。科学家进行了大量实验研究后，终于揭穿了这个"谜"。

原来，蚂蚁腿部肌肉是一部高效率的"发动机"，这个"肌肉发动机"是由几十亿台微妙的"小发动机"组成。蚂蚁的"肌肉发动机"使用的是一种特殊的"燃料"。这种"燃料"不需经过燃烧就能把潜藏的能量直接释放出来，转变为机械能，这一过程几乎没有能量的损失。正因为如此，蚂蚁的"肌肉发动机"的效率非常高，可高达80%以上，这就是蚂蚁如此强壮的原因。

地球上，蚂蚁的数量是人类的800万倍！

中文名称：蚂蚁

动物分类：膜翅目蚁科

形态特征：体小，体壁具有弹性，有翅或无翅，
　　　　　　上颚发达，有咀嚼式口器

食物种类：杂草种子、蚜虫、介壳虫、角蝉、
　　　　　　灰蝶幼虫、含糖的食物

主要分布地区：世界各地

中文名称：蜂鸟

动物分类：雨燕目蜂鸟科

形态特征：体态轻盈、敏捷，肌肉强健，羽毛华丽，一般为蓝色或绿色

食物种类：植物的花蜜

主要分布地区：西半球

鸟类能向后飞行吗？

可以倒退飞行的鸟

世界上只有一种鸟能够向后飞行，那就是蜂鸟。除此之外，蜂鸟还可以侧向飞行。最神奇的是，当它们用长长的嘴巴吸食花蜜时，可以像直升飞机一样在空中悬停。这时，蜂鸟的翅膀每秒钟可以扇动80次，这样的速度，我们的眼睛根本就看不清。

蜂鸟的飞行本领高超，也被人们称为"神鸟"、"彗星"、"森林女神"和"花冠"等等。

它的食量很大

蜂鸟体型很小，能够通过快速拍打翅膀（每秒15次到80次，取决于鸟的大小）而悬停在空中。为适应翅膀的快速拍打，蜂鸟的新陈代谢在所有动物里是最快的。

对蜂鸟而言，向后飞行会消耗大量体力，因此它每天必须吃重量相当于它自身体重一半的食物。想象一下，假如你是蜂鸟，每天得吃多少东西呢？

为了获取巨量的食物，它们每天必须采食数百朵花。有时候蜂鸟必须忍受好几个小时的饥饿。为了适应这种情况，它们能在夜里或不容易获取食物的时候减慢新陈代谢速度。进入一种像冬眠一样的状态，称为"蛰伏"。

蜂鸟是世界上最小的鸟类，吸蜜蜂鸟只有 5 厘米长！

鸟类的
膝盖
是向后弯的吗?

弯曲的是脚后跟

膝盖为位于大小腿之间的连接部位。我们蹲下时,膝盖总是向前弯曲。

当我们认真观察动物时,会发现动物之中膝盖的弯曲方向似乎不同。猫狗等哺乳动物,它们的膝盖都是向前弯曲,但是当我们仔细观察鸟类时,比如一只鹤,我们会发现,它们的"膝盖"好像是朝后弯曲的。

但事实并不是这样的,它们的腿和我们的构造不同。鸟类看起来向后弯曲的"膝盖",并不是膝盖,而是它们的脚后跟,而鸟类像是小腿的部位则相当于我们人类的脚掌。

因此可以说,鸟类就像芭蕾舞演员一样是用脚尖走路!它们真正的膝盖藏在上面的羽毛之下。

中文名称：灰冕鹤

动物分类：鹤科冠鹤属

形态特征：灰色羽毛，白色双翼，头部有金
　　　　　羽毛冠，喉部有鲜红色气囊

食物种类：昆虫、爬行类、小型哺乳动物

主要分布地区：撒哈拉以南的非洲

为什么
鸟不会从树上掉下来?

特殊的固定装置

栖息在树枝上的小鸟,都有在树枝上睡觉的本领而不会摔落下来,这是为什么?

鸟类的爪子上有一种特殊的固定装置,其作用与晾衣服的夹子非常相似。树栖鸟类的趾的构造,生长得非常适宜于抓住树枝。鸟儿落在树枝上后,当小鸟的爪抓住树枝时,它的腿骨会弯曲起来,向后稍微倾斜,把身体重量都集中在爪的后半部的骨骼上,这样爪上的"夹子"就会在树枝上夹紧。这样就会牢牢抓紧树枝。即使鸟儿睡着了也不会从树上掉下来。

善于调节平衡

另外,小鸟的脑比较发达,善于调节运动和视角,在睡觉时,也能够很好地保持身体的平衡,所以小鸟能在树上睡觉而不会掉下来。

如果鸟儿想要飞走,就要先扑打几下翅膀,向上升起,才能够把爪从树枝上松开!

中文名称：翠鸟

动物分类：翠鸟科翠鸟属

形态特征：背和面部的羽毛翠蓝发亮，故称翠鸟

食物种类：鱼类、甲壳类、水生昆虫

主要分布地区：欧亚大陆以及非洲等地

遇到危险时
鸵鸟
会把脑袋藏到沙子里吗？

事实可不是这样哦

事实上，鸵鸟并不是真的通过这种方式来躲避敌人的。鸵鸟的目光锐利，听觉灵敏，能觉察10千米外的敌人，且善于伪装。真实情况是鸵鸟在遇到危险时，会把整个身体趴在地上，并尽可能地把脖子贴近地面，身体蜷曲一团，以其暗褐色羽毛伪装灌木丛或岩石等，用这种方法把自己藏起来。这样就不容易被发现了。如果敌人识破鸵鸟的"计谋"，继续靠近，鸵鸟就会马上跳起来逃跑。

鸵鸟是世界上现存体积最大而又不能飞行的鸟类，体高2.5米，体重达150多公斤，有一双强有力的腿，奔跑速度每小时最快可达65公里。由于鸵鸟的生存环境缺水，而鸵鸟奔跑的耐力又差，所以，为了不让对手发现，鸵鸟有时便采取这种节约体能的自我隐藏方法。

鸵鸟心理

你听说过鸵鸟心理吗？传闻鸵鸟在遇到危险时，会把脑袋藏到沙子里，以为眼睛看不到危险就安全了。其实这只是误传：鸵鸟绝不会把脑袋藏在沙子里的！这种说法最早来源于古代阿拉伯人，之后就被越传越广了。

中文名称：鸵鸟

动物分类：鸵鸟科鸵鸟属

形态特征：体型巨大，脖子长，头小，腿长，
　　　　　善奔跑，脚有两趾

食物种类：草、叶、果实或昆虫、蛇、蜥蜴、
　　　　　幼鸟、小型哺乳动物等

主要分布地区：非洲

为什么秃鹫的脖子是光秃秃的？

特殊的身体部位

很多动物为了适应自身生存的环境，进化出了符合一定物理规律的身体部位，比如啄木鸟的嘴很尖细，可以增大压强，从而凿开树杆，捉到躲藏在深处的虫子；壁虎的脚掌上有许多"吸盘"，从而利用大气压使其在天花板上也不会掉下来；秃鹫的特殊身体羽毛覆盖也是一种。

光秃秃的脖子和头

秃鹫是很引人注意的鸟类。它们整个身体都覆盖着厚厚的大片羽毛，唯独头部和颈部例外。秃鹫的头和脖子要么是完全光秃秃的，要么只有短短的绒毛。这对它们来说很重要，因为秃鹫是食腐动物。它们要把脑袋钻进动物的尸体里去吃动物的肉。如果头部和脖子上长着长长的羽毛，就会被血粘住，而绒毛就不会。不仅如此，秃鹫脖子的基部长了一圈比较长的羽毛，它像人的餐巾一样，可以防止食尸时弄脏身上的羽毛。

胡秃鹫是一个例外，它们的头上也长着厚厚的羽毛。这种动物只吃动物尸体上剩下的残肉和骨头，所以，就不会有血粘住羽毛的担忧。

中文名称： 秃鹫

动物分类： 鹰科秃鹫属

形态特征： 体长约 1.2 米，体羽主要是黑褐色，颈部羽毛接近白色，颈后羽毛稀少或者没有羽毛

食物种类： 一般以腐肉为食，偶尔也会捕食生病或受伤的动物

主要分布地区： 非洲西北部，欧洲南部，亚洲中部、南部和东部

喜鹊
真是小偷吗?

中文名称: 喜鹊

动物分类: 鸦科喜鹊属

形态特征: 头、颈、背至尾均为黑色,双翅黑色而在翼肩有一大形白斑,腹面以胸为界,前黑后白

食物种类: 蝗虫、蟋蟀、蛾类幼虫等小型动物,其他鸟类的卵和雏鸟,瓜果、谷物、植物种子等

主要分布地区: 除南极洲、非洲、南美洲、大洋洲外,几乎遍布世界各大陆

喜鹊的传说

喜鹊在中国是吉祥的象征,自古有画鹊兆喜的风俗。民间将喜鹊作为"吉祥"的象征。关于它有很多好听的神话传说。传说喜鹊能报喜,有这样一个故事:贞观末期有个叫黎景逸的人,家门前的树上有个鹊巢,他常喂食巢里的鹊儿,长期以来,人鸟有了感情。一次黎景逸被冤枉入狱,令他倍感痛苦。突然一天他喂食的那只鸟停在狱窗前欢叫不停。他暗自想大约有好消息要来了。果然,三天后他被无罪释放。是因为喜鹊变成了人,假传圣旨。

喜鹊是"小偷"?

但是,据说喜鹊偷窃成性,不仅如此,它还喜欢把偷来的"赃物"藏起来。真是这样吗?

喜鹊非常贪玩,对任何东西都充满好奇,特别是人们手里的东西。它们的学习能力非常强,能够迅速找到人们在它们面前藏起来的东西。这种能力对喜鹊来说非常重要,因为只有这样它们才能找到食物,然后把它储藏起来。

喜鹊特别喜欢铝箔、瓶盖和其他发光的东西。有时候它们会把这些东西当作筑巢的材料。喜鹊还喜欢收集另外一些东西,比如首饰或钥匙等,这也就成了喜鹊被大家视为小偷的原因。

　　喜鹊是一种智商非常高的鸟类，它们甚至能够数数！这是 18 世纪一位科学家发现的。比如，如果有五个人藏在喜鹊巢附近的一棵树后，喜鹊就能够数出人数。即便有四个人走开，喜鹊仍然会待在自己的窝里，因为它知道还有一个人躲在树后面。

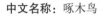

中文名称：啄木鸟
动物分类：鴷形目啄木鸟科
形态特征：具坚硬长喙，舌长而
　　　　　　能伸缩，前端有钩
食物种类：昆虫
主要分布地区：南美洲和东南亚

啄木鸟
啄树不会脑震荡吗？

高超的捕虫本领

啄木鸟是著名的森林益鸟，除消灭树皮下的害虫如天牛幼虫等以外，其凿木的痕迹可作为森林卫生采伐的指示剂。

啄木鸟有极为高超的捕虫本领，它的嘴强直而尖，不仅能啄开树皮，而且也能啄开坚硬的木质部分，很像木工用的凿子，它的舌细长而柔软，能长长地伸出嘴的外面，还有一对很长的舌角骨，围在头骨的外面，起到特殊的弹簧作用，舌骨角的曲张，可以使舌头伸缩自如，舌尖角质化，有成排的倒须钩和黏液，非常适合钩取树干上的昆虫及幼虫。

大多数时候，我们在看到啄木鸟之前就能听到它们的声音。它们用响亮的敲击声来标识自己的领地："嘿，这是我的地盘！"

为什么不会脑震荡呢？

啄木鸟每秒可以敲击树干8次。如此高强度的撞击力，啄木鸟是如何承受的呢？如果换做是我们，我们的头会非常疼，甚至还可能造成脑震荡。

啄木鸟的脑包裹在一层由密密的海绵状骨头构成的小匣子里，这层骨头可以承受一部分反震力。加之啄木鸟的脑周围几乎没有液体，这样，它就不会在头骨里晃来晃去。另外，啄木鸟头部的肌肉也可以起到一定的减震作用。所以，啄木鸟可以承受剧烈撞击，是不会造成脑震荡的。

在敲击树干之前，啄木鸟必须闭上眼睛。否则，它们的眼珠会因为很强的冲击力而飞出眼眶！

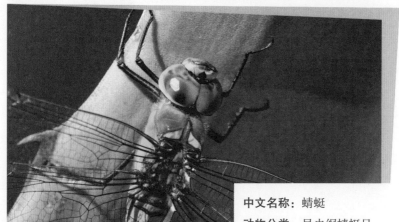

中文名称：蜻蜓
动物分类：昆虫纲蜻蜓目
形态特征：体型较大，翅长而窄，膜质，复眼
　　　　　突出，视觉发达
食物种类：飞虫、蚊虫及其他对人有害的昆虫
主要分布地区：世界各地的淡水生境附近

蜻蜓的眼睛
为什么那么大？

神奇的复眼

　　昆虫的眼睛是别具一格的，它们的眼睛有单眼和复眼之分。单眼较小，主要用于感光，可分辨光线明暗和距离远近。复眼几乎都是由成千上万只小眼睛紧密组合而成的。小眼的表面呈六边形，可以不留任何空隙地排列在复眼表面。每只小眼睛又都自成体系，各自具有屈光系统和感觉细胞，而且都有视力。复眼主要用于观察事物。

蜻蜓的眼睛

　　蜻蜓的复眼在昆虫界要算最大最多的了，占头部总面积的三分之二，最多可达2.8万只左右，是一般昆虫的10倍，而且构造非常奇特：上部分看远处，下部分看近处。

　　所以，蜻蜓的复眼又大又圆，它能同时看到上下、左右和前后，开阔的视野可以帮助蜻蜓迅速地捕食和躲避敌人。一旦有蚊虫飞过，密布的小眼就会接收各种刺激信息，所以蜻蜓对动静的变化非常敏感。这样它在空中捕捉小虫时，便能得心应手，百发百中，从不落空。不过，静止的蚊虫它们就看不太清楚了。

越是依赖视觉的昆虫，复眼拥有的小眼的总数就越多。苍蝇有 400 个，蜻蜓有 1 万 ~2 万个左右的小眼。但是在地下生活的某种蚂蚁只有 6~9 个小眼。

中文名称：蝴蝶

动物分类：昆虫纲鳞翅目

形态特征：色彩艳丽，翅膀阔大，腹瘦长，头部有一对棒状或锤状触角

食物种类：花蜜、树汁、腐烂的水果、动物的排泄物等

主要分布地区：美洲、亚洲

蝴蝶
有听力吗？

美丽的蝴蝶

蝴蝶，一种美丽的昆虫。许多人因为它的美丽而陶醉其中，以至于多少文人墨客留下了赞美它的流传千古的名句。但是，它使人们陶醉的同时，也留给了人们不解的困惑。在它的美丽外表下，却隐藏着一个谜团："蝴蝶是怎样飞回来的？"

它有听觉

以前人们认为蝴蝶没有听力，只有少数种类的蝴蝶头部的棒状触角兼具部分听觉功能。但是最新的研究显示，在巴拿马发现的一种罕见的夜间活动的蝴蝶是具有听觉能力的。

这种夜间出没的蝴蝶，在自己的前翅上配备了"耳朵"，它可以像蝙蝠一样利用超声波为自己导航和寻找食物，当然，更重要的是——躲避蝙蝠的袭击。它能够听到蝙蝠发出的超声波，并在蝙蝠接近前逃之夭夭。蛾子也有这种听觉能力，人们就是通过蛾子能在夜间飞行发现这一现象的。直到现在，人们终于证明蝴蝶也有同样的能力。

你可以这样区别蝴蝶和飞蛾：蝴蝶的翅膀朝上竖着，而飞蛾的翅膀朝下。

为什么
飞蛾总是绕着灯飞?

飞蛾扑火

夏天的夜晚，只要一开灯，马上就会有一些飞虫绕着灯光飞来飞去：它们就是夜间活动的小飞蛾。飞蛾类多在夜间活动，喜欢在光亮处聚集，因此民谚有"飞蛾扑火自烧身"的说法。

为什么绕着灯火飞呢?

飞蛾为什么绕着灯光飞，至今仍然没有明确的答案。我们只知道这些飞蛾一般依靠月光或星光判定方向。飞蛾的眼睛是由很多单眼组成的复眼，它在飞行的时候，总是使月光从一个方向投射到它的眼里，当它绕过某个障碍物或是迷失方向的时候，只要转动身体，找到月光原来投射过来的角度，便能继续摸到前进的方向。换言之，它们总是按照月亮和地球之间的某个角度飞行。

电灯可以发出很强的光，干扰飞蛾的判断，使得飞蛾丧失了方向感。这时，"飞行导航仪"已经失效！它们已经不能按照月亮和地球之间特定的角度飞行了，只能绕着灯光打转，直到最后筋疲力尽被烫伤或烧死。

中文名称：飞蛾

动物分类：昆虫纲鳞翅目

形态特征：身体一般比蝴蝶粗壮，静止时翅膀覆盖在身体上

食物种类：幼虫以农作物、果树、林木为食物，除少数成虫吸食果汁外，大部分成虫取食花蜜

主要分布地区：热带、亚热带和温带地区

为什么
被蚊子叮咬
后会痒呢?

中文名称: 蚊子

动物分类: 双翅目蚊科

形态特征: 体型巨大,脖子长而无毛,头小,
腿长,善奔跑,脚有两趾

食物种类: 草、叶、果实或昆虫、蛇、蜥蜴、
幼鸟、小型哺乳动物等

主要分布地区: 除南极洲的各大洲

让人头痛的蚊子

几乎每个人都有被蚊子叮"咬"的不愉快经历,更准确地说应该是被蚊子"刺"到。被蚊子叮过之后,皮肤上总会留下一个痒痒的肿包。这是因为蚊子的唾液中有一种具有舒张血管和抗凝血作用的物质,它使血液更容易汇流到被叮咬处。

过敏反应

蚊子在将针一样的口器刺入皮肤时,会释放一种含有抗凝血剂的唾液来防止血液凝固。人体的免疫系统在得知这种外来物质"侵入"之后,就会释放一种特殊的蛋白质来对抗这种外来物质,于是在叮咬部位就会发生过敏反应,继而红肿发痒。当血液流向叮咬处以加速组织复原时,组织胺会造成叮咬处周围组织的肿胀,此种过敏反应的强度因人而异,有的人被蚊子咬后的过敏反应比较严重。

只有雌蚊才会叮咬哺乳动物，因为它们每隔三四天得吸一次血，以取得制造卵子所需的蛋白质；而雄蚊则主要摄食花蜜。

所有的瓢虫都有斑点吗?

讨人喜欢的"红娘"

瓢虫是体色鲜艳的小型昆虫,常具红、黑或黄色斑点。因为瓢虫的形状很像用来盛水的葫芦瓢,所以叫它瓢虫。它的身体很小,只有一粒黄豆那么大。它是一种像半个圆球那样的小甲虫,坚硬的翅膀,颜色鲜艳,还生有很多黑色或红色的斑纹,讨人喜爱,在我国有的地区叫"红娘"。

复杂的斑点

瓢虫有两层翅膀。外面的一层已经变成硬壳,只起保护作用,所以叫作鞘翅。鞘翅下面还有一层很薄的软翅膀,能够飞翔。瓢虫的种类繁多,鞘翅上的颜色和斑纹也很复杂。瓢虫又叫金龟子、花大姐,全世界共有4300多个不同的种类!识别它们最好的办法就是数它们鞘翅的斑点,不同种类的瓢虫,鞘翅的斑点数目是不同的。比如我们常见的七星瓢虫,鞘翅上就有七个黑色斑点。大多数瓢虫都有斑点,有时候这些斑点会相互融合,使整个瓢虫看起来都是黑的,于是就会让我们产生没有斑点的错觉。另外有些瓢虫还会有条纹!

中文名称: 七星瓢虫
动物分类: 瓢虫科瓢虫属
形态特征: 形似半个圆球,红色鞘翅,7 个黑色斑点
食物种类: 蚜虫、叶螨
主要分布地区: 非洲、欧洲、亚洲

瓢虫斑点的数量与瓢虫的年龄没有关系。拥有相同数量斑点的瓢虫都属于一个科目。瓢虫从幼虫到成虫，它们身上的斑点数量不会发生变化。

为什么苍蝇
不会从天花板上掉下来?

活动频繁的苍蝇

苍蝇是在白昼活动频繁的昆虫,具有明显的趋光性。夜间则静止栖息。苍蝇的栖息地因为种类和季节而不同,夏天我们经常可以看到苍蝇在我们身边飞来飞去,发出讨厌的"嗡嗡"声。尤其是天花板上,经常可以看见停留着很多苍蝇。

可以停在天花板上的秘密

苍蝇之所以不会从天花板上掉下来,这都要归功于它的腿。苍蝇有6条细长的腿,每条腿末端都长着尖锐的爪,在爪的基部有一个被茸毛遮住的爪垫盘。形似袋状的爪垫盘一旦内部充血,下面就会出现凹陷。当苍蝇停留在天花板上时,爪垫盘和天花板之间就产生了真空,就像吸盘一样,苍蝇会牢牢地吸附在天花板上。这种吸附力足够承担苍蝇自身的重量,使其不会掉下来。

中文名称：苍蝇

动物分类：双翅目蝇科

形态特征：灰褐色，复眼无毛，触角短扁，背腹两面有羽
状毛，翅透明，共有 6 条腿

食物种类：花蜜和植物汁液，人、畜血液或动物创口血液
和眼、鼻分泌物，人的食品、畜禽分泌物与排
泄物、厨房下脚料及垃圾中的有机物

主要分布地区：全世界

苍蝇的爪子同时还是它们
的味觉器官，是它们试吃食物
的工具。

蜇人之后
蜜蜂一定会死吗?

中文名称: 蜜蜂

动物分类: 膜翅目蜜蜂科

形态特征: 体型较小,呈黄褐色或黑褐色,生有密毛,
头与胸几乎同样宽,腹部接近椭圆形

食物种类: 花粉、花蜜

主要分布地区: 世界各地

庞大的蜜蜂家族

一个蜜蜂家族可以有几千到几万只蜜蜂。通常由一只蜂后(即蜂王),少数雄蜂和大量的工蜂组成。蜜蜂家族中不同成员尾部的针具有不同的功能。通常会蜇人的工蜂,是蜂群中繁殖器官发育不完善的雌性蜜蜂,从卵中孵化后,如果连续吃五天的蜂王浆,蜂体的发育速度就很快,16天后能发育成蜂后。工蜂的针是产卵管退化形成的,位于腹部的末端。平时蜜蜂把针收于体内,当遭到侵犯时,就会将针从体内伸出。

蜜蜂很友好

实际上,蜜蜂是非常友好的。只有在觉得受到攻击时,它们才会蜇人。蜜蜂尾部的毒刺上面长有倒钩,当它们刺伤昆虫或鸟类之后,还可以把毒刺拔出来然后飞走。然而,人类的皮肤更结实,蜜蜂蜇人后,毒刺会留在皮肤里。当蜜蜂尝试把刺拔出来时,往往会把腹部的一部分扯掉。因此,蜜蜂蜇人之后,大多会死去。

为什么
萤火虫会发光?

中文名称: 萤火虫

动物分类: 鞘翅目萤科

形态特征: 体形长而扁平,头狭小,腹部末端有发光器

食物种类: 幼虫捕食蜗牛和小昆虫,成虫仅进食一些露水、花粉、蜗牛肉

主要分布地区: 热带、亚热带和温带地区

会发光的虫子

萤火虫是一种小型甲虫,因其尾部能发出萤光,故名为萤火虫。这种尾部能发光的昆虫,约有近2000种,我国较常见的有黑萤、姬红萤、窗胸萤等几种。

在宁静的夏夜,我们有时会在林间草地上看到点点荧光,这些光点就是萤火虫发出的。这些可爱的夏虫是怎样发光的呢?原来在萤火虫的腹部末端具有专门的发光器。发光器中含有的化学荧光素及荧光酶,在接触到空气时,会引发一系列的化学反应,从而发出荧光。

特殊的光信号

有趣的是,夏夜里在空中飞来飞去的都是雄性萤火虫,而雌性萤火虫是不会飞行的,只能停在草丛或是树叶上。它们看到雄性萤火虫发出的光,然后发出同样的光来回应。于是,它们就互相用这种特定的光信号进行交流,最后飞到一起,结成配偶。由此可见,萤火虫所发出的光对于它们的繁殖具有特殊的意义。

车胤囊萤

关于萤火虫的光,还有一个有趣的故事。在晋朝时,有家贫学子车胤,他酷爱学习。每到夏天,为了省下点灯的油钱,捕捉许多萤火虫放在多孔的囊内,四五十只萤火虫发出的光真能抵得上一支蜡烛。他利用萤火虫光刻苦学习。最后官拜吏部尚书,成为了一位有大学问的人。

萤火虫所发出的光
并不热，是一种冷光，
也就是荧光。

海马
是马吗？

"海中变色龙"

海马因为它的头部酷似马头而得名，但其实海马与马并没有血缘关系，它是一种有趣而奇特的浅海小型鱼类。说它奇特是因为这种可爱的海洋生物集合了多种动物的特征于一身：它有一条象鼻一样的尾巴，可以用来抓取东西；海马的体色会随着周围环境而发生改变，堪称"海中变色龙"；海马的眼睛像蜻蜓的眼睛一样，可以向不同的方向转动；雄性海马还像袋鼠一样有一个"育儿袋"。

海马的整体外形，加上没有尾鳍，使它们成为地球上行动最慢的泳者。它们游不快，通常只像海草一样，以卷曲的尾巴系在海底。

海马爸爸的"育儿袋"

最有趣的是，海马是唯一一种由雄性"分娩"的动物。雄海马的腹部、正前方或侧面长有育子囊。每年的5月—8月是海马的繁殖期，这期间海马妈妈将卵产在海马爸爸的"育儿袋"里，这些卵就在此完成受精，并最终发育成小海马。在此期间，海马爸爸要负责向"育儿袋"里输送营养。大约2～6周后，成百上千只海马宝宝就会从"育儿袋"的出口被"分娩"出来了。

虽然爸爸不是真的生小孩，但是孵化还是需要爸爸来完成。爸爸的育儿袋只是起到了孵化器的作用，卵还是来源于妈妈。

中文名称：刺海马

动物分类：海龙科海马属

形态特征：头部呈马头状，吻细长，躯干由若干骨头环
组成，上有棘刺

食物种类：小型甲壳类动物

主要分布地区：太平洋、大西洋、欧洲和澳大利亚等地

海星
能看见东西吗?

惹人爱的海星

海中，五彩斑斓的海星，尤其是我们熟悉的五角星的海星，十分惹人喜爱。海星是棘皮动物中结构生理最有代表性的一类。体扁平，多为五辐射对称，体盘和腕分界不明显。生活时口面向下，反口面向上。整个身体由许多钙质骨板借结缔组织结合而成，体表有突出的棘、瘤或疣等附属物。有的多达50条腕，在这些腕下侧并排长有4列密密的管足。用管足既能捕获猎物，又能让自己攀附岩礁，大个的海星有好几千管足。海星的体型大小不一，体色也不尽相同，几乎每只都有差别，最多的颜色有橘黄色、红色、紫色、黄色和青色等。

它没有眼睛也可以"看见"

与我们人类不同，海星没有眼睛，但是它们也可以"看见"东西。小朋友们如果把一只活的海星翻过来仔细观察，就会在它触角尖部的下侧发现一些小红点，它们是海星的视觉神经细胞，海星可以通过这些视觉神经细胞来感知光亮，但遗憾的是它并不能像我们人类一样看到清楚的图像。当然海星也不需要这样，因为它们的运动速度出奇的慢：1小时大概只能移动3米！所以对它们来说只需要辨认出大概的方向就可以了。行动迟缓的海星主要以蠕虫、蟹类和贝壳的残骸为食。

为了捕捉贝类，海星会把自己的胃从嘴里吐出来，这样就可以直接选择食物，并在体外消化食物，是不是很神奇呢？

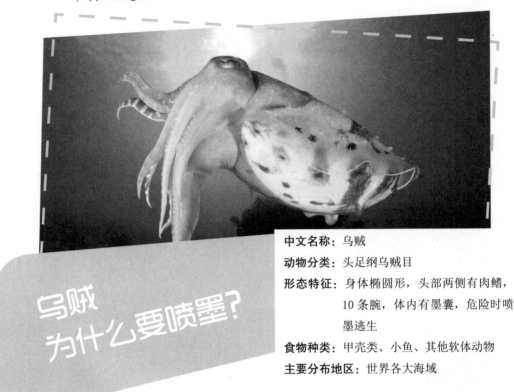

中文名称：乌贼

动物分类：头足纲乌贼目

形态特征：身体椭圆形，头部两侧有肉鳍，10 条腕，体内有墨囊，危险时喷墨逃生

食物种类：甲壳类、小鱼、其他软体动物

主要分布地区：世界各大海域

乌贼为什么要喷墨？

会"喷墨"的鱼

乌贼是生活在海洋中的软体动物。它的身体像个橡皮袋子，体侧有肉鳍，柔软的内脏团就包裹在体内的石灰质硬鞘中。乌贼皮肤中有色素小囊，会随"情绪"的变化而改变颜色和大小。乌贼共有 10 条腕，有 8 条短腕，2 条长腕则用于捕食。颈短，头部与躯干相连，有二腕延伸为细长的触手，用来游泳和保持身体平衡。头较短，两侧有发达的眼。头顶长口，口腔内有角质颚，能撕咬食物。乌贼最大的特点就是它遇到强敌时会"喷墨"，扰乱对方视线伺机逃跑，因而有"墨鱼""墨斗鱼"之称。乌贼会跃出海面，具有惊人的空中飞行能力。

奇特的墨汁

乌贼的墨汁平时都贮存在体内的墨囊中，遇到敌害侵袭时，它们就会喷放墨汁，把周围的海水染黑，使敌害顿时看不见它，就在这黑色烟幕的掩护下，乘机逃之夭夭。此外，乌贼的墨汁中还含有毒素，可以用来麻痹敌人，使敌害无法再去追赶它。储存这一腔墨汁需要很长时间，所以不到万不得已，它们是不会轻易释放墨汁的。

乌贼也会变色哦！
乌贼的皮肤中的色素小囊
可以使它随"情绪"的变
化而改变体色。

中文名称： 海螺

动物分类： 腹足纲骨螺科

形态特征： 具有一个呈螺旋形的壳，有角质口盖

食物种类： 海藻、海洋微生物等

主要分布地区： 浅海区域

贝类
是怎样生活的？

背着贝壳的生物

贝类，因一般体外披有 1～2 块贝壳，故名。常见的牡蛎、贻贝、蛤、蛏等都属此类。贝类的身体柔软，左右对称，不分节，由斧足、内脏囊、外套膜和贝壳等部分组成。

贝类靠鳃和肺呼吸。水生的种类有鳃，通常由外套膜内面皮肤伸展形成的，称为本鳃。每一鳃片鳃轴的两侧或一侧生有鳃丝，鳃上生有纤毛。依纤毛的运动使呼吸水流按一定线路通过鳃进行气体交换。

以浮游生物为食

贝类没有真正的头，它们的嘴和唯一的脚都直接长在身体上。而柔软的身体则包裹在坚硬的外壳里面。贝类的脚长在身体的腹面，由强健的肌肉组成。利用这只像吸盘一样的脚它们可以在水中穿行，也可以把自己牢牢地固定在礁石上，以防被海浪冲走。

贝类以微小的浮游生物为食。当它们张开嘴巴，浮游生物就会随水流被灌了进来。然后，贝类会通过鳃把水排出去。而鳃就像是一张筛子，把浮游生物过滤下来。

海螺听海，其实只是我们浪漫的一厢情愿而已。所谓海浪的声音其实只是空气在海螺螺旋状的内部结构中的振动引起的。

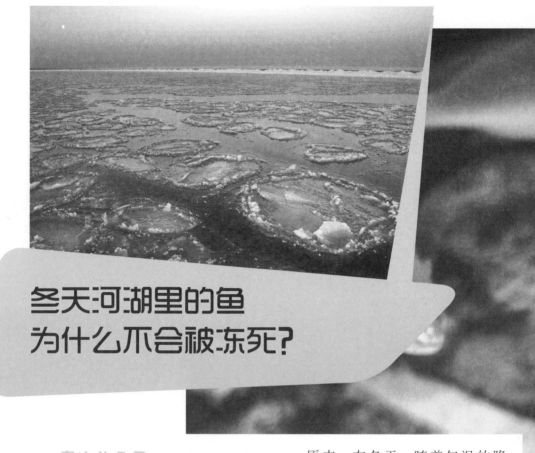

冬天河湖里的鱼为什么不会被冻死？

寒冷的冬天

冬天就是一个寒冷的季节，即使穿得厚厚的，只要出门就觉得冷。很多动物在这个时候都会选择冬眠来度过这个季节。其他动物就算不冬眠，也是早早储存了粮食，躲在自己的洞里，一整个冬天不出去。

"厚厚的棉被"

可是为什么这样天寒地冻的时候，河湖里的鱼却好好活着，它们并没有北极熊那样的厚厚的皮毛，是怎么度过冬天的呢？

原来，在冬天，随着气温的降低，河湖的表面会冻结一层厚厚的冰，这层冰就像是给水面上盖了一层暖暖的棉被，不管外面天气多冷，冰层下面的水都可以保持在4℃左右，使鱼不致被冻死。

每到冬天，河湖里的鱼就会跑到水底去"冬眠"。它们的心跳会慢慢减缓，呼吸速度也随之变慢，甚至不再进食，这个状态会一直保持到春天冰雪融化的时候。

鱼是怎么呼吸的？

呼吸活动具有重要作用

生物的生命活动都需要消耗能量，这些能量来自生物体内糖类、脂类和ATP等的能量。糖类等要转换成生命活动直接需要的ATP，就需要呼吸作用来进行。呼吸作用，最主要的方式就是有氧呼吸，也就是说需要氧气来进行。因此，氧气对于动物的生存起着至关重要的作用，陆地上的动物可以通过呼吸作用直接从空气中获取氧气。

鱼用鳃获取氧气

但是，生活在水中的鱼怎么办呢？

鱼是用鳃来获取水中的氧气。鳃是鱼的呼吸器官，通常位于头部的左右两侧，由许多层薄薄的膜衣构成。如果我们把鲤鱼鳃的膜衣层层展开，它的面积有电视屏幕那么大。

鱼鳃里布满了毛细血管，可以进行气体交换。相邻的鳃小片交错嵌合，水在其中对流，保证了血液与水之间的最大气体交换量。呼吸时，鱼通过嘴吸入水流，然后通过鳃再将吸入的水流排出。在这一过程中，鱼体内的二氧化碳排到水中，而水中的氧气也会进入毛细血管，促进血液循环。

鱼会说话吗？

水下世界也充满了声音

在江河湖海中，生活着千姿百态的鱼类，它们在水中漫游。看似宁静的水下世界其实并不是一片寂静，而是充满了各种声音，比如鱼和鱼之间相互"对话"的声音。这听起来似乎令人难以置信，但却是真的。

绝大多数的鱼是没有专门的发声器官的，而是利用自身体内其他器官来发声。它们的发声方法大体可分为两类：一类是生物声，由鱼体的某些器官发出，如石首鱼类由"鳔"发声；另一类是机械声，通常是在鱼类游动击水、摄食咀嚼、挖泥掘穴时发出的。

鱼类之间能够利用自己的声音，来相互联络与传达消息，如求偶、求救、报警等。

会"说话"的鱼

鲂鮄就是一种会"说话"的鱼。它们可以通过鱼鳔上的肌肉发出声音，听起来就像猪叫一样，所以又称猪叫鱼。它们通过这种方式来保护领地和家人。雄性普鲁士鱼也会出于同样的原因发出"咬牙切齿"的声音。

另外，鲱鱼能够发出打鼾声和隆隆声来相互交流。相互交流对鲱鱼来说非常重要，因为在它们生活的圈子里同样也生活着数以千计的其他海洋动物，所以它们必须能够快速地与同类交流。

中文名称：鲂鮄

动物分类：鲉形目鲂鮄科

形态特征：胸鳍发达，游动时胸鳍开合像鸟的翅膀一样

食物种类：软体动物、甲壳类及其他底栖动物

主要分布地区：大西洋、太平洋及印度洋海域

鱼也要喝水吗？

中文名称： 小丑鱼

动物分类： 雀鲷科双锯鱼属

形态特征： 体呈椭圆形，侧扁，眼后方有一条或两条白色条纹

食物种类： 藻类，浮游动物

主要分布地区： 印度—太平洋，红海等地

淡水鱼不需要喝水

地球上的所有生物都离不开水，它们中的大多数都需要依靠喝水来补充水分，那么那些本身就生活在水中的鱼也要喝水吗？事实上，生活在淡水中的鱼，是不需要喝水的；而生活在海水中的鱼，却要经常喝水。

淡水鱼几乎是终生不需要喝水的，不止如此，它们还要想办法经常排除体内过多的水分，否则鱼就会被"胀死"！因为水分会从四面八方，源源不绝地经由鱼的表皮组织渗透进入鱼体中，所以淡水鱼根本不需要喝水。

海洋中的鱼需要喝水

海洋中的鱼类常常面临这样的危险——海水中的盐分会吸收它们体内的水分！不过鱼类想到了解决这个问题的办法，比如小丑鱼，它们在喝水的时候会通过鳃将海水中的盐分排出体外，这样它们就可以放心地喝海水了。不过，也并非所有的海水鱼都要喝水，比如鲨鱼，它并不需要喝水。

我们常常看到水里的鱼嘴巴一开一合，其实那并不是在喝水，只是为了让水快速流过它的呼吸器官——鳃，以便吸取水中的氧气，释放体内的二氧化碳。

为什么
比目鱼是扁的？

中文名称：比目鱼
动物分类：鲽形目鲽科
形态特征：身体扁平，两眼完全位于头部一侧
食物种类：小鱼、小虾
主要分布地区：热带或寒带海域

眼睛长在一边的鱼

比目鱼是两只眼睛长在一边的奇鱼，被认为需两鱼并肩而行，故又名比目鱼。比目鱼是一种形状很特别的鱼类，看起来像是扁扁的碟子，所以人们会形象地称之为"鲽鱼"。更为特别的是比目鱼的脸部：两只眼睛都位于一侧，而且鱼嘴永远是歪的。

其实，从卵膜中刚孵化出来的比目鱼幼体，完全不像父母，而且跟普通鱼类的样子很相似。眼睛长在头部两侧。每侧各一个，对称摆放。大约经过20多天，比目鱼幼体的形态开始变化。当比目鱼的幼体长到1厘米时，奇怪的事情发生了。比目鱼一侧的眼睛开始搬家。它通过头的上缘逐渐移动到对面的一边，直到跟另一只眼睛接近时，才停止移动。

为了适应底栖生活

比目鱼为什么会这么扁呢？因为这样才更适应底栖生活！白天它们会把自己扁扁的身体藏到海底的沙石中只留眼睛在外面观察，躲避天敌。晚上它们就会紧贴着海底游动，捕食贝类和小鱼。

比目鱼和普通鱼类一样，都是从圆圆的鱼卵出生的，只不过从两三毫米的时候开始变得越来越扁，眼睛逐渐偏向一侧，嘴巴也变得歪斜。

小海狮天生就会游泳吗？

中文名称：海狮

动物分类：鳍足目海狮科

形态特征：脸部跟狮子的脸极为相似，四肢都已演化成鳍的模样

食物种类：鱼、蚌、乌贼、海蜇、磷虾，偶尔也会吃企鹅

主要分布地区：北太平洋、美国西北部沿海、南美洲沿海以及澳大利亚西南部沿海

游泳高手——海狮

海狮有高超的游泳技巧，因此经常被用来帮助人类潜入海底打捞沉入海底的东西。自古以来，物品沉入海洋就意味着有去无还，可是在科学发达的今天，一些宝贵的试验材料必须找回来，比如从太空返回地球而又溅落于海洋里的人造卫星，以及向海域所做的发射试验的溅落物等。当水深超过一定限度，潜水员也无能为力。例如，美国特种部队中一头训练有素的海狮，在1分钟内将沉入海底的火箭取上来。

小海狮也需要学习

小海狮不是一出生就会游泳的，就像我们人类一样，它们也必须通过学习才会获得游泳这一技能。大概三个月的哺乳期之后，小海狮们会在风平浪静的海湾里逐渐适应水下环境，之后才会和它们的妈妈一起进入波涛汹涌的大海里。

海狮属于海狮科，它们头部有明显的外耳。跟其他的鳍足类动物不同的是，在陆地上，海狮能够把它们的后鳍转到前面，通过这种方式前进。

为什么鱼群
不会出现"交通堵塞"？

交通拥堵让人头痛

现在城市中，几乎每天都在发生一件让人头痛的事情，就是交通堵塞。尤其是上下班高峰期，车流拥堵在马路上，根本无法向前行驶。因为交通拥堵，给我们带来了很大的麻烦，比如上班上学迟到等。

鱼群为什么不会拥挤？

可是，有些鱼群规模很大，这些鱼如同被远程操控般一起游动，不会拥挤，所有鱼都会同时改变方向，并且绝不会出现相撞现象。那么，是谁在指挥鱼群？谁在传达行动的信息？为什么鱼群的共同行动如此井然有序呢？

电脑专家们正在寻找上述问题的答案。他们拍下鱼群游动的画面，计算鱼群的行动规律，并编写出长长的电脑程序，希望能够揭开鱼群行动的秘密。

没有找到的奥秘

科学家们为什么对这些问题这么感兴趣？这是因为研究结果对交通状况的研究有着至关重要的意义。如何才能引导城市街道上成千上万的车辆？如何才能避免追尾撞车事故？如何才能解决交通拥堵问题？这些问题已经困扰交通专家们很多年了。他们希望能够编写出一套像鱼群那样的电脑程序装入汽车中。但就目前来说，这还只是遥远的设想。因为直到今天，人们也没找到鱼群行动的奥秘。

　　神秘莫测的动物总是吸引我们的目光，它们真是些奇妙的家伙，让我们为其神奇的"本领"瞠目，忍不住想要一探究竟。

　　那么，请你展开想象，翻开你手边的这本书去了解动物的秘密吧！